tres Rêveries.

Magnétisme.

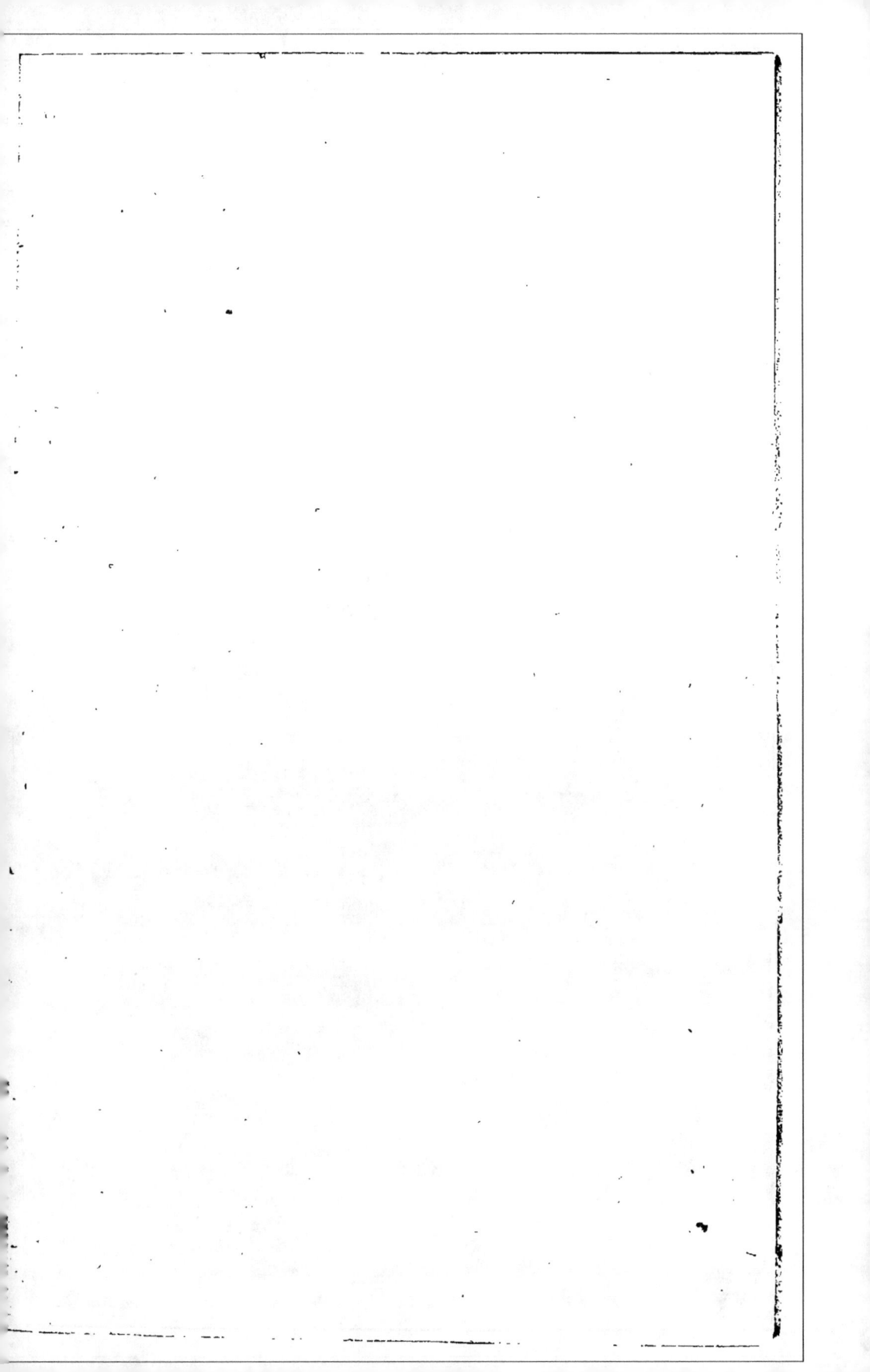

Tb ^{64} 66

T 2660
A.d.b.

AUTRES
REVERIES

SUR

LE MAGNÉTISME ANIMAL,

A UN ACADÉMICIEN

DE

PROVINCE.

A quoi tient-il ? Je n'en sais rien. Cela me paroît aussi difficile à expliquer, que d'expliquer en morale la présomption de beaucoup de gens qui nient les faits, parce qu'ils n'entendent pas comment cela arrive, & qui se refusent à voir ce qu'ils regardent d'avance comme impossible ; & cependant c'est un fait bien avéré.... Nous sommes nés d'hier, &c. &c. &c.

Lettre de M. LEROI, *Lieutenant des Chasses,*
à M. *le Marquis* DE CUBIERES.

A BRUXELLES.

1784.

Voilà comme ils ont rempli leur objet, & déja vous avez l'analyſe de leur rapport.

J'entends citer avec humeur les vieux Corps & les Compagnies nombreuſes dont on a craint les tracaſſeries bien plus redoutables que l'influence du pouvoir. Les mécontens en viennent aux perſonnalités. On nomme les importans qui ont entraîné les foibles, les empreſſés qui ont précipité les pareſſeux : on compte les bons amis qui ont donné des conſeils de prudence aux talens comme à la médiocrité. Pour moi, je rends juſtice à ces Meſſieurs, à leurs principes de rigueur & de délicateſſe ſur le fait du menſonge : & je maintiens qu'ils n'étoient pas gens à manquer en face à la vérité. Pour pécher devant elle, il leur a fallu ſe couvrir d'un voile de reſpect ; & dès qu'ils ne l'ont pas vue, il eſt clair qu'elle n'y étoit pas.

Les Moraliſtes du dernier ſiécle conſumèrent cinquante ans à médire de l'aveuglement intellectuel, qui réſiſte aux graces communes, diſoient-ils bien, parce qu'il eſt volontaire, orgueilleux enfant de l'amour-propre qui déſavoue ſes œuvres. Que n'auroient pas dit ces Sages paſſés, de l'uſage des vues baſſes, ſi commodes au tems qui court, avec leſquelles vous calculez à loiſir, s'il eſt de votre intérêt d'apperce voir un ami , qu'un imprudent reconnoîtroit de cent pas !

Après dix pages d'excellentes obſervations préliminaires, commence ainſi l'examen férieux du Magnétiſme animal. « L'action du Magné-» tiſme ſur les corps animés , peut être obſer-» vée de deux manières différentes , ou par » cette action long-tems prolongée, & par ſes » effets curatifs dans le traitement des mala-» dies , ou par ſes effets momentanés ſur l'é-» conomie animale , & par les changemens » obſervables qu'elle y produit. M. Deſlon inſiſ-» toit pour qu'on employât principalement & » preſque excluſivement la première de ces mé-» thodes, les Commiſſaires n'ont pas cru de-» voir le faire ».

J'ai vu l'un des Commiſſaires envoyé de la Commune de Chaillot, pardevant la Cour, contre les invaſions de la pompe à feu. La Com-mune eut tort , comme de raiſon , & prit pa-tience , en profitant de la pompe des Meſſieurs de Paris , au lieu de lutter contre elle.

Si le rapport des Juges, imprimé à la Preſſe Royale , fût devenu public , & qu'il eût été poſſible d'y lire : « Les bonnes gens de Chail-» lot, aviſés par un bel-eſprit de l'Académie, » propoſoient deux moyens d'apprécier leurs

A ij

» droits : ils infiftoient pour qu'on employât
» principalement & prefque exclufivement un
» de ces moyens, probablement le plus sûr.
» La Cour a cru devoir les réduire à celui qu'ils
» regardoient comme le plus foible, le plus in-
» certain ». Un Juge connu par un rapport de
cette forte, ne rapporteroit plus parmi nous.
L'opinion s'uniroit à la Loi pour la vengeance
commune. Mais parce qu'il n'eft plus queftion
d'un mur mitoyen ; parce qu'il ne s'agit que
d'avilir un homme devant deux nations auxquelles il appartient ou par fa naiffance, ou par
fes travaux, & de livrer au ridicule trois cents
hommes qu'il a trompés, MM. les Commiffaires
font libres des chaînes que les loix de tous les
peuples impofent à tous les Juges (A), de tous les
intérêts ; & , loin d'être défavoués par leurs favantes Compagnies, les habiles Commiffaires en
feront chéris comme les bienfaiteurs ; & cette
Académie des Sciences exacte, fi célèbre par
l'auftérité du ftyle qui diftingue fes Mémoires,
& qu'elle exige dans les rapports qu'elle demande à fes membres ; elle qui fait fi bien que
le ftyle académique, celui des Savans entr'eux,
n'eft que le ftyle de la penfée, que la fimplicité ;
& , j'ofe le dire, la nudité du ftyle eft le fceau
du vrai talent, & l'hommage que le favoir doit

au favoir, l'Aréopage des Sciences s'eſt démenti
juſqu'à fourire aux charmes de la diction : c'eſt
que l'Académie n'étoit plus Juge , mais Partie
trop intéreſſée au ſuccès de l'homme éloquent
dont le Public *aime la proſe , encore qu'un peu
traînante* (B). Il falloit l'avoir pour ſoi , ce Public & cette opinion , dont on vit dans toutes
les Académies. C'eſt bien auſſi l'aliment de tous
les états , mais il n'en n'eſt qu'un où l'on ſache
le préparer ; &, avec l'opinion , que ne feroient-
ils pas , *ſua ſi bona norint* !

On l'a bien vu , qu'il ne s'agiſſoit point de
faire un pas dans la carrière , mais d'en déter-
miner les bornes , de montrer que ce pas n'é-
toit point fait. Il falloit apprendre à ce Règne
de LOUIS-AUGUSTE , à ne pas s'enorgueillir
chaque jour d'une découverte nouvelle obſer-
vée par l'Académie dépoſitaire des regiſtres.

Enfin , ces Meſſieurs ne pouvoient ſuivre une
autre marche , ayant pour agir un motif d'intérêt , & pour montrer une raiſon plauſible.
Rien n'arrête en ſi beau chemin. Cette raiſon
plauſible , on la fait naître de la difficulté de diſ-
tinguer les guériſons opérées par la Médecine ,
de celles que la nature produit d'elle-même ſans
le Médecin , ou malgré lui. *C'eſt la nature qui
guérit* , diſoit le pere de la Médecine , &c. (C).

A iij

Quant à la raifon d'intérêt qui déterminoit
réellement ces MM. à juger d'un agent conf-
tant, univerfel, par des effets momentanés :
on la conçoit cette raifon décifive : c'eft qu'ils
étoient les juges des expériences qu'ils alloient
manier à leur gré ; au lieu que l'obfervation
des maladies & des guérifons, n'étoit pas
foumife à leur volonté ; & que le public n'en
auroit pas jugé d'après une affertion arbitraire
& trop intéreffée.

Un Médecin, dont le nom n'eft pas fait,
préfentant à M. le Doyen de la Faculté deux
malades guéris fuivant un nouveau fyftême, &
des precédés nouveaux, peut bien s'attendre
à voir M. le Doyen s'en prendre à la nature :
fi il en préfente dix, M. le Doyen peut encore
crier à la nature & à fa *grande force*, &
M. le Doyen fera cru fur fa parole ; car on n'eft
plus réduit à prouver, quand on a un grand
titre de favoir. Mais s'il étoit queftion de cinquante malades guéris, de cent, la parole d'un
homme devenant impuiffante, on affemble la
Compagnie, on délibére, on agit en Corps (*D*);
on circonfcrit la morale aux interêts du Corps,
on eft Romain, & Rome appelle vertu, tout
ce que le zèle entreprend pour fes foyers,
fes autels, fes préjugés confacrés par le tems.

Mais au milieu de tant de zèle & de tant de bruit, cent malades ont auffi le zèle bruyant; l'affaire reffortit au public, à l'opinion, & la lumière naît de l'orage. Mais au lieu de malades & de guérifons, eft-il queftion des effets momentanés du nouvel agent ? l'affaire fe rapporte à huis-clos; le rapporteur, les juges, les témoins, les *opérateurs* font également parties : l'appel à l'opinion n'a plus lieu. Les êtres foibles, que la mobilité de leurs nerfs prépare à ces triftes expériences, iront-ils difputer avec le public fur la vérité de leurs fenfations, fur des impreffions incertaines, fi difficiles à définir, fi rapprochées des effets bizarres de l'imagination & de l'imitation, qu'on ne les diftinguera qu'avec le tems & l'habitude d'obferver ?

Je l'ai peut-être cette habitude, & encore que fais-je? & qu'ai-je à dire de ces prodiges magnétiques, décriés par l'envie ou la médiocrité fcrupuleufe, exaltés par l'enthoufiafme, livrés enfin au ridicule par les mécréans qu'ils formèrent jufqu'à l'école de M. Mefmer? Pour moi, je n'appartiens à aucune de ces trois claffes, je ne connois point l'envie, je ne crie point au prodige, je ne fuis pas même incrédule. Qu'êtes vous donc ? Je fuis fpectateur, j'ob-

serve, & je doute encore après dix mois d'af-
fiduité (*E*). Et fi l'on accordoit encore à mes
doutes ce qui refte de l'année , je demanderois
une autre année pour me décider. Ne croyez
pas que j'afpire à la gloire philofophique d'a-
voir faifi feul ce milieu fi difficile à tenir. On
ne l'a point cette gloire fitôt qu'on la mérite.
Les Gens extrêmes ne voyent pas loin d'eux,
ou parce qu'ils font naturellement bornés, ou
parce que l'imagination ou bien l'intérêt les
établit trop près de l'objet qu'ils ont à voir ,
& qu'ils ne voyent pas mieux qu'une mon-
tagne dont ils habitent le pied. Ces Meffieurs
donc , de l'extrêmité où ils fe font établis,
après quelques féances, peuvent bien croire
que l'horizon eft borné au milieu où je fuis
placé. Ceux de l'extrêmité oppofée croiront la
même chofe par les mêmes caufes ; ils m'ap-
pelleront tous extrêmes, précifément parce que
j'aurai le courage de la modération..

Mais à quoi bon tant de morale & de méta-
phyfique ? à éloigner le moment de parler
d'une phyfique qui me paffe. Mais les Commiffaires eux-mêmes , ne devoient-ils pas dé-
buter par des procédés de morale & de critique
propres à s'affurer de la vérité des êtres mobiles
qui fe prêtoient à leurs expériences. Que

cette recherche eft douloureufe ! que n'a-t-on pas à fouffrir entre la fauffeté que l'on craint & la douleur que l'on refpecte ! Ma peine égaloit celle des victimes malheureufes que le fort a réduit au befoin d'intéreffer l'enthoufiafme ou la curiofité. Comme je déteftois ce peuple oifif qui venoit demander à être étonné, & cet autre peuple qui arrivoit avec des titres qui femblent exiger ce que l'on demande, & qui demandoit encore à voir fouffrir ! De la douleur, de l'ennui, de l'incrédulité : voilà le fruit de mes premières obfervations. Il me fembla que, renonçant à favoir comment on faifoit les prodiges, j'étois réduit à etudier comment on les faifoit croire. Eh bien ! c'eft en perféverant dans cette étude fingulière avec autant de bonne foi & auffi peu de foi qu'on en doit apporter à la recherche de la vérité, que je fuis revenu à des doutes plus favorables au Magnétifme animal.

Je vous dois compte de l'obfervation à laquelle je dois mon retour au Magnétifme, ou du moins aux doutes qui en font le chemin, fi l'on y va par le bon chemin.

Les perfonnes * que la mobilité de leurs nerfs rend fufceptibles des effets momentanés de l'agent magnétique, m'ont prefque toujours intéreffé les premiers jours par un grand

* Je ne parle que de celles dont la pofition permet les doutes & les recherches.

air de vérité , & les jours fuivans, l'intérêt di-
minuoit , & auffi l'air de vérité. L'art mimique
doit aller en augmentant, &, ce qui eft la même
chofe ; en fe cachant. L'art n'étoit donc pas le
feul agent ni l'agent principal des premiers effets.
Ce dilemme n'a pas enchaîné ma croyance ;
mais c'eft à lui que je dois des doutes qui me
femblent manquer à l'honneur philofophique
de MM. les Commiffaires.

Si vous n'étiez pas un profane , fi vous aviez
étudié les afcetiques, vous fauriez que l'hypo-
crifie a fouvent été fille de la vérité. Une jeune
perfonne a bien vu l'intérêt touchant qu'elle
infpiroit durant les beaux jours de fa ferveur :
ces beaux jours ne font pas fuivis de jours qui
leur reffemblent ; mais le befoin d'intéreffer
eft durable comme la vie & la vanité, & l'on
croit avoir tout réparé , fitôt que l'on montre au
dehors la vertu qu'on n'a pas confervée dans
fon cœur.

Voilà prefque l'aventure entière & vérita-
ble de la petite Marguerite (F), devenue célèbre
par le mal & le bien qu'elle a fait dire du nouveau fyftême. Elle a pu tromper la Dame bien-
faifante qui a cherché fon fecret , comme elle
avoit trompé fes bons amis, les amis de Mefmer ,
gens faciles à jouer quand on leur donne du

bien à faire ; elle a bien pu promettre de ne
point avoir les convulsions qu'elle avoit exprès ;
mais les premières qui nous ont étonné , celles
qui ont précédé ses essais mimiques , ne sont
pas en sa puissance, & peuvent un jour attrister
Madame de ... si ses maux la rendoient encore
susceptible des premières impressions magnétiques. Enfin dès que cette Dame a un grand
penchant à douter, & dès qu'elle unit savam-
ment le doute pratique au doute méthodique ,
elle pourroit porter l'effort de la philosophie,
jusqu'à douter de Marguerite.

On n'en parlera peut être plus de Marguerite,
& ce sera pour le mieux ; car ce genre de célé-
brité doit finir où la santé commence ; aussi
l'obscurité devient le partage ordinaire de cette
multitude de Sourciers, qui vieillissent sans gloire
dans les villages illustrés par les savantes recherches de leur enfance. Leur talent tenoit à
une grande sensibilité de nerfs qu'ils ont dû perdre en se fortifiant. On se plaignoit cet hyver
de la longue absence de M. Bléton, & du silence
de Paris à son égard. Il est apparemment guéri,
dit M. Mesmer (G). Je ne m'exposerai point
au péril de vous expliquer ces phénomènes ;
demandez en compte aux Commissaires eux-
mêmes. Mais choisissez un moment de bonne

foi, de ceux où l'on n'eſt point à ſon rôle , mais
à la vérité , à l'amitié : ils avoueront qu'a-
vant même de tenter les expériences dont ils
ont rendu compte , ils ſavoient parfaitement
que les malades les plus remarquables par la
mobilité de leurs nerfs , & par la ſingularité des
effets qui naiſſent de cette mobilité, ne doivent pas toujours être également propres aux
épreuves de la curioſité : qu'une bonne digeſ-
tion , une bonne nouvelle , peuvent les rendre pour une ſoirée à l'etat naturel des hommes
en ſanté. Ainſi puiſſe M. Jumelin (*H*) , pour
que Dieu lui rende la joye de ſon cœur , prendre la balle au bond , & renvoyer à MM. les
Commiſſaires, le ridicule dont ils l'ont couvert;
en expliquant au public à quoi tiennent les
mauvais ſuccès des expériences en queſtion , ou
la fauſſeté de ceux qui les citent après les avoir
dirigées à leur manière. N'avez-vous pas vu la
frayeur d'une médecine, produire chez vos enfans des effets que la médecine elle-même ne
pouvoit obtenir ? On me fait grincer les dents
en mordant devant moi dans une étoffe de drap
ou dans un fruit vert , & le ſouvenir de cette
ſingularité , me fait à l'heure qu'il eſt, éprouver
les mêmes grincemens. Pourrois-je m'engager
à faire à tous les inſtans l'épreuve de la même

fufceptibilité ? & fi l'on connoît les variations
toujours nouvelles des accidens bizarres, atta-
chés aux maux de nerfs, on ne fera point
étonné de m'entendre dire que les engagemens
& les témoins pris pour une expérience de ce
genre, fuffifent pour la faire manquer. MM.
de l'Académie des Sciences peuvent demander
à MM. de l'Académie des Belles-Lettres, *quelles
furent, dans les différens tems, les diverfes épreuves admifes dans les jugemens révérés de la fe-
conde antiquité ?* Ils apprendront combien étoit
ridiculement injufte, le tribunal devant qui les
Diogènes du tems pouvoient feuls garder leurs
femmes. Il eft peu de Médecins, qui n'ait vu
des convulfions très-vraies, fufpendues à l'af-
pect d'un homme qu'on aime, ou qui nous in-
timide. Et parce que vous appercevrez fans ceffe
des caufes morales dans les phénomènes de la
phyfique, irez-vous jufqu'à ne pas reconnoître
l'exiftence des caufes phyfiques ?

C'eft pourtant en philofophant auffi vague-
ment fur l'imagination & fes caufes, en liant
fes effets avec l'hiftoire de tous les Charlatans
du monde, & fur-tout avec les fcènes ridicules
qui déshonorèrent le fiécle de Louis XIV vers
fa fin, & les commencemens de celui-ci: c'eft
en mêlant ainfi au fouvenir des fanatiques des

Cévennes & des Croyans de St. Médard, vos
frayeurs & vos déclamations fur le Magnétifme animal, que vous tournez en ridicule
d'honnêtes gens, qui ont leurs droits à l'eftime
publique & même à une réputation de fageffe &
de critique, dans un moment où l'un des objets
de leurs études, eft de chercher dans une nouvelle théorie de nos fenfations, la vraye fource,
la fource phyfique, & en même téms le
reméde des folies dont vous jettez fur eux le
ridicule mal-faifant. Vous n'aviez pas des intentions de cette noirceur ; mais vous faviez bien
qu'ici, on ne compte point les intentions, mais
les réfultats. Dans une affaire où l'on a fi peu fait
pour la vérité, tandis que l'art d'établir l'opinion
étoit médité, approfondi, laborieufement pratiqué, on n'a point ignoré qu'en montrant à la
multitude, dans le même tableau, les Habitans
des Cévennes, les Dévots de St. Médard, les
Eléves de M. Mefmer, dans le même cof-
tume, la multitude viendroit à les confondre ;
auriez-vous à préfent le foin tardif de les
diftinguer ? Ainfi parmi les Eléves de M.
Mefmer, fur-tout parmi ceux qui ne font dans
le monde que par l'eftime perfonnelle dont ils
peuvent jouir, ou ceux qui ont affez de droit à
ce genre d'eftime, pour ne plus compter les

autres ; il n'en eſt pas un qui n'ait ſouvent dit en lui-même, M. Bailly m'a bien fait du mal : j'ai, graces à lui, le ridicule de la ſuperſtition & l'odieux du fanatiſme après des études & des ſacrifices qui me promettoient d'autres ſuccès. Quand on s'eſt ainſi parlé à ſoi-même, M. Bailly imagine bien ce qu'on a encore à ſe dire.

Depuis la mauvaiſe idée que M. Bailly a donné des Eléves de M. Meſmer, ils ne peuvent voir que des gens accoutumés à penſer d'eux-mêmes. Me voilà donc bien mis en quarantaine, moi qui n'ai que l'air adepte ! Auſſi M. Bailly ſe plaindra de l'humeur que donne une retraite forcée.

M. Bailly ne connoît encore la Littérature, & les ſciences que par le bonheur & la gloire. A la renommée philoſophique, il joignit celle d'une grande aménité de mœurs qui le rendirent étranger aux querelles & aux intrigues du philoſophiſme. Sa philoſophie particuliere fut toujours douce & ſage ; car c'eſt une grande ſageſſe & un grand moyen de paix, de ne parler aux gens de ce monde que du monde antérieur, & du monde ſuperlunaire. La philoſophie & les Philoſophes ſe mêlant de nos affaires, ont toujours été fort incommodes à ceux que la Providence charge ici du ſoin

de les aranger ; jamais M. Bailly n'a mérité la
moindre plainte à cet égard : & assurément la
bonne compagnie doit lui savoir gré de ne l'avoir
jamais attristé, comme tant d'Ecrivains, par le
souvenir de ses devoirs, & des intérêts de la pauvre espéce humaine. Ce désir de vivre dans une
nation meilleure, en y répandant des idées plus
saines ; cette ambition de préparer ou d'adoucir
l'influence de la Loi par celle de l'opinion ;
cette manie d'éclairer la conscience publique
sur l'honneur (*I*) & le devoir ; cette prétention
littéraire d'être la voix du peuple dans la dis-
tribution de la gloire & du mépris, d'apprendre à
l'homme souffrant tout ce qu'il peut obtenir avec
des bénédictions, & de la considération, quand
il saura ne les donner qu'en retour du bonheur :
tout cet attirail de la philosophie moderne
n'a point embarrassé l'ame douce & le bel esprit
de M. Bailly ; il n'en a point eu des ennemis : il
a été heureux. Le voilà maintenant au plus
haut de la roue, enchaîné à d'illustres rapports,
& fatigué de glorieux embarras ; attendons la
fin & les réflexions. Menage disoit, *qu'il trou-*
voit les vers de Benserade assez bons, depuis
qu'il étoit son ami. Les Menages du jour sont
encore les amis de M. Bailly ; ils ont trop de
bon sens pour croire qu'un homme qui pros-

père

père ait une mauvaife logique. Ils favent bien que dans un moment d'ivreffe, un morceau d'éloquence eft le chef-d'œuvre de la Philofophie.

Mais fi l'ivreffe alloit fe calmer : la critique moins timide tenteroit de faire brêche, & je prévois comment elle viendroit à s'élargir cette brêche, moi qui n'ai jamais repris une faute de ftyle, non plus qu'une faute de Phyfique.

Le traitement Magnétique a donc un rapport bien humiliant pour les Elèves de M. Mefmer, avec les convulfions de S. Médard ; croyons-le un moment ; mais vous croyez auffi que les honnêtes gens qui furent trompés, même ceux dont l'imagination s'égara jufqu'à bondir trop haut, même ceux qui ne bondirent que par imitation, firent moins de mal, éteignirent moins de lumières que les mal-adroits & les politiques bornés, dont l'intolérance exalta la fuperftition jufqu'au fanatifme.

Mais, n'eft-il au monde que l'intolérance religieufe ? n'eft-il pas une intolérance fcientifique, amie de la vérité, quand l'habitude en a fait un préjugé de Corps ? mais invoquant fans ceffe le pouvoir & les tribunaux contre les nouveautés qu'elle confond avec l'erreur ; &

B

cette moderne intolérance a-t-elle d'autres
principes que ceux que vient d'établir M. Bailly,
à la cinquieme page de son discours & même
dans la sixieme, jusqu'au moment où il s'écrie :
*c'est un bel emploi de l'autorité, que celui de
distribuer la lumiere!* Vous y verrez jusqu'à
l'inquisition par Commissaires bien établie ; &
pourtant n'ayez pas la moindre peur de la brû-
lure, dont la mode est passée ; mais tremblez
humblement à la vue d'honnêtes gens qui joignent au besoin intime de se venger, le besoin
le plus secret de dissimuler leur vengeance en
raffinant leurs moyens. Remarquez les maximes
de cette cinquieme & sixieme pages auxquelles
je vous renvoye. C'est le zèle de la vérité pure
qui les dicta : mais c'est l'esprit de Corps qui
les interprétera. C'est l'autorité bienfaisante
que l'on bénit ; mais, comme il arrive ici, quand
c'est l'aristocratie qui l'exerce. C'est un Bour-
geois de Paris, qui a déclamé ce discours ; il
n'est pas né comme nous sur les sables de
l'Ocean, où nous ne bénissons que l'unité de
pouvoir, *notre bon Roi*, dit le peuple.

Enfin, où chercherez-vous des Commissaires
pour les *décisions importantes & indispensa-
bles* de ce genre, *pour éclairer ceux qui dou-
tent pour établir une base sur laquelle puisse*

venir se repofer ou l'incrédulité ou la confiance?
Dans les mêmes claffes d'hommes qui défen-
dirent fi févèrement à Galilée de faire tourner
la terre, qui combattirent plus d'un fiécle contre la circulation du fang, qui conferverent fi
long-tems à Ariftote l'autorité que lui donnoient
nos Peres dans les écoles de tous les genres,
qui lurent enfin Defcartes lorfque le tems fut
venu de s'éclairer avec Newton, & qui maintenant aiment tant Newton, qu'ils s'irritent
contre ceux qui voudroient que les caufes de
Newton fuffent moins occultes, &c. &c. &c.

Les Académies modernes font plus favantes
que les Académies qui profcrivirent les nouveautés qui nous éclairent; mais une Académie
moderne, fe trouvera toujours vieillie, pour
un nouvel ordre de chofes: on n'eft jeune &
vieux que par comparaifon. Ne perdons pas de
vue ce que nous devons d'hommages aux
Univerfités, qui joignent au befoin de l'étude,
les travaux pénibles & obfcurs de la premiere
inftruction. Jean-Jacques n'avoit pas adouci
l'éducation aux tems paffés, & l'on conçoit
que la jeuneffe des fyftèmes eut à fouffrir; mais
encore falloit-il refpecter fes maîtres, ils fe
tenoient loin des profanes, une langue myf-
térieufe & des grands mots, comme des gardes

avancées, dit Voltaire, défendoient au peuple
l'accès du pays. A préfent le champ de l'inftruction eft ouvert à qui veut moiffonner. Point
d'exclufion, point de propriété que pour celui
qui rumine mieux la pâture commune ; eft-ce
le tems de croire à l'infaillibilité académique,
aux commiffions ?

Dans le tems où la culture commence, elle
n'eft femfible que chez quelques êtres pri-
vilégiés, qu'il eft bon de réunir, afin que la
confiftance des Compagnies favantes devienne
celle des lumières que l'orage menace, & que
la nuit environne ; mais quand le jour brille
de toutes parts, faut-il des feux facrés &
des hommes facrés qui les gardent ? Quand
la culture eft nationale, c'eft ne pas refpecter
la nation, c'eft offenfer la capitale du monde
favant, que de foumettre fes opinions à des
jurandes de favoir. Ajoutons, que dans un tems
où l'adminiftration a tout fait pour accroître
l'Art de conferver & de guérir, le projet d'une
Ferme générale de fanté feroit l'abus des graces
du Roi le plus contraire aux vues de fa bien-
faifance.

On ne veut pas le voir, que le bien ne fe
fait que par la jeuneffe (a). Cette ferme

(a) C'eft encore un jeune homme qui a refufé religieux

redoutée & si redoutable pour la santé étoit établie, si nous avions été gouvernés par un vieillard obsédé des frayeurs de la Compagne maladive de ses vieux jours. Les Médecins n'ont plus l'empire qui leur fait regretter le tems passé ; mais ils ont l'esprit d'insinuation des Directeurs de conscience, auxquels ils ont succédé. Une Reine qui auroit eue des vapeurs, circonvenue de tout ce monde qui votoit pour la persécution, auroit oublié le bonheur de sa vie, l'habitude de ne pas entendre, quand ce n'est pas la bonté que le besoin sollicite.

Vous vous souvenez de la bonne maxime de notre excellent Conseiller d'Etat, M. Gournay, *laissez dire & laissez passer*. Il est visible que dans toute cette affaire, le Roi a eu quelques autres Conseillers que ce bon M. Gournay ; mais qu'il alloit leur redisant, *laissez dire & laissez passer*. En général tous les privilèges exclusifs sont favorables à quelques genres d'Aristocratie ; il n'est que le Roi & le peuple, dont l'intérêt constant soit l'intérêt général.

semēnt sa signature au rapport des Commissaires, lesquels assūrēnt pourtant avoir toujours été *unanime.* Le rapport particulier de M. de Jussieux est imprimé.

B iij

Quand il eſt défendu de dire & de paſſer,
il n'y a que les féditieux qui diſent tout haut,
& qui font des brèches pour paſſer. La liberté
ſeule attire les honnêtes gens, qui font alors
pencher la balance. La licence n'a de frein
que la liberté. Que ne feroit pas devenue notre
pauvre R...... ſi l'on avoit toujours agi de
même, ou ce qui eſt bien mieux, laiſſé agir
& paſſer. Vous n'auriez point eu de héros;
car on n'en a guères dans les bons tems : mais
vous auriez eu de longs ſommeils & de longs
ſoupers, qui font le produit d'une bonne adminiſtration. Ainſi donc, mon vieil ami, quand
vous reviendrez de vos vendanges, en allant
à l'Hôtel de Ville avec M. S..... dont M.
Meſmer ne proſcrit point le ſel, cherchez à
côté de Henri IV une autre niche, pour une
autre bonne figure, au bas de laquelle vous
écrirez : *A l'autre Roi qui ne nous a point
perſécuté pour des opinions, & qui n'a point
corrompu nos femmes;* car en diſtinguant ces
deux Rois des autres, encore faut-il les diſ-
tinguer entr'eux.

J'ai l'honneur d'être, &c.

NOTES.

L'HUMEUR n'eſt bonne à rien, pas même à la vengeance. Un Académicien des Sciences, chargé d'examiner
les Eleves de Marine dans un des Ports de France, vient
d'écrire à M. Bailly d'une manière plus ſatisfaiſante pour
nous, que s'il étoit des nôtres. Voilà cette Lettre ; peut-
être croira-t-on que nous l'avons ſuppoſée, & nous ne gênons
jamais la croyance des gens.

« Vous nous avez bien fait du mal, mon cher Bailly ;
» nous avons à interroger des Eleves d'Euclide & de Be-
» zoult, qui, depuis la lecture de votre Diſcours, n'étudient
» plus que le Grec pour faire la guerre avec l'imagination
» d'Alexandre, dont la tête repoſoit ſur la caſſette précieuſe
» qui contenoit le père de la Poéſie. J'aurois voulu leur
» dire que ce Diſcours n'étoit réellement deſtiné qu'à l'A-
» cadémie Françoiſe ; mais à préſent cette Académie elle-
» même ne donne plus que des leçons ſous l'ancienne forme
» des louanges. Si l'on y parloit de guerre devant Frédéric
» & le Sage qui vous a écouté, on plaindroit des Philo-
» ſophes, forcés par le fanatiſme des Nations, de faire à la
» paix des ſacrifices de ſang ; on leur diroit que la raiſon &
» l'humanité tolèrent les Heros comme les canons, parce
» qu'ils abrègent le mal qu'ils ſemblent augmenter. Quant
» à l'Académie des Sciences, l'uſage eſt de n'y louer que
» les morts & les étrangers ; & les grands Généraux nous

» appartiennent à trop de titres. Ce n'est pas l'Académie
» qui juge les tristes intérêts qui déterminent la guerre :
» l'enthousiasme chevaleresque qui là précipite, nous est
» étranger ; mais elle ne s'achève heureusement qu'avec de
» bonne géométrie, de bons calculs, de bonne méchanique :
» c'est un jeu d'échecs où l'on perd tout avec l'imagination
» qui nous perdit à Poitiers, à Crécy, à Pavie, &c. &c.
» où nos preux cédèrent à des forces physiques, à des ma-
» chines comme celle que Romanzou meut & fixe à son
» gré contre les imaginations Ottomanes. Vous avez en-
» tendu le penseur Gara vous rappeler le penseur & le
» Géomètre, & le Mallebranchiste Renaud ; & vous le
» peindre d'après Fontenelle, travaillant de sang-froid dans
» une galiote embrasée qu'il calculoit pouvoir sauver,
» tandis que l'imagination précipitoit au loin l'équipage
» effrayé. Voilà des hommes dont l'Académie doit s'enor-
» gueillir aux yeux des savans Guerriers dont elle reçoit
» l'hommage. J'espère que votre Réponse me fournira l'oc-
» casion d'apprendre à nos jeunes gens comment un homme
» de mérite avoue qu'il s'est trompé. Une bonne leçon de
» Morale doit réparer une mauvaise leçon de Physique ».

J'ai l'honneur d'être, &c.

(A) Il est bon d'ajouter ici que, suivant nos formes ju-
diciaires, un Juge qui, dans une affaire de rapport, s'ab-
sente une fois, n'a plus de voix pour le Jugement de cette
affaire. L'illustre étranger dont le nom paroît si imposant à
la tête des autres noms académiques, ignoroit cet usage
sacré parmi nous, en accordant sa signature à des expériences
auxquelles il n'avoit point ou presque point assisté. M. Fran-

klin fait pourtant mieux que personne au monde, que l'opinion tient ici à un nom, à une forme extérieure, & que c'est l'opinion qui détermine aujourd'hui le ridicule ou l'infamie dont il a noté d'honnêtes gens. Vous êtes battu, me dit-on à tout moment, M. Franklin a signé, & après M. Franklin, le Peuple n'écoute plus. A présent on sait qu'il n'a pas dû signer, mais la première impression demeure. M. Franklin a deux hommes en lui, l'homme stoïque qui a fait de si grandes choses, & l'homme d'Epicure qui conserve par son insouciance & son enjouement, le stoïcien pour les grandes occasions; mais il est singulier que l'histoire de ce grand homme se confonde avec celle de l'amant de Mlle. Manon la Couturiere.

On zy a forcé sa signature,
Sur un gros papier tout plein d'écriture :
En lui disant en abregé,
Qu'avec eux il est engagé.

(B) C'est le mot de Voltaire sur Fenelon; M. Bailly ne se plaindra pas de la Compagnie. Je l'ai déjà dit, je n'ai point cherché des fautes de style & de physique dans le Rapport & le Discours académique. Qu'est-ce que cela me fait à moi? Mais j'ai dû me plaindre de trouver tant d'éloquence pour si peu de philosophie & de conscience. Je n'ai pas dit même qu'ils n'avoient pas avoué la vérité, mais qu'ils ne l'avoient pas cherchée. Je ne les ai point traités de Juges menteurs, mais de Juges superficiels. Mais encore quel mal m'est-il revenu du Rapport & du Discours, pour me faire un ennemi d'un homme que j'ai aimé? Est-ce que je puis hésiter entre des amis qu'on note d'infamie, que l'on couvre de ridicule, & ceux qui consentent à diriger contre la vertu les armes destinées au vice & à la folie? Et puis, est-on mes

amis, quand on est au plus haut de la roue ? Remarquez
bien encore que je ne suis point sorti de mon état, c'est-à-
dire, de mon humeur contre la fureur actuelle pour les
études de physique, qui ont tant multiplié les beaux esprits
du jour, sur-tout dans cette classe pour qui l'on abrège les
longueurs & les dégoûts de l'examen, en faveur des grandes
dispositions dont ils font preuve dans les expériences coû-
teuses. Ce n'est pas que de mon tems les gens d'esprit d'un
certain ordre fussent constamment obligés d'en avoir ; mais
en causant avec l'Auteur des Maximes, avec sa bonne amie
Madame Lafayette ; avec sa cousine Madame de Sévigné,
on n'étoit pas si sûr de son fait qu'auprès d'un fourneau de
Chymie. Un Géomètre moraliste que je dois remercier de
n'avoir jamais laissé passer une occasion de rappeller les devoirs & les droits de l'orgueilleuse & de la pauvre espèce
humaine, a dit que les progrès de la Physique le consoloïent
d'avoir vu la Morale moins heureuse de nos jours*. Je suis con-
vaincu que cet aveu ne peut être dans son cœur ; il doit
savoir que jamais le calme de la conscience publique n'est
si stérile pour l'honneur & le devoir, que dans les momens
où la vanité & la curiosité satisfaites, portent l'esprit humain
vers des objets étrangers à ses vrais intérêts. Je sais bien
qu'il y a loin de la queue du chien d'Alcibiade à la mer-
veilleuse machine qui a étonné notre siècle ; mais le résultat
est le même ; Alcibiade n'est plus intimidé par les regards des
Athéniens, &c. Un honnête homme & un fripon voient partir
du même œil un Balon ; mais ils n'assistent pas avec le même
genre d'intérêt à un Drame où le peuple imitateur apprend
que les mauvaises mœurs sont du bon air.

---

* On sent bien que je n'ai point le texte sous les yeux.

(C) Il faut lire dans le texte même du rapport, les motifs de l'incrédulité des Commissaires en Médecine; on dira que ce style mécréant n'est pas celui d'un Médecin, mais c'est beaucoup, qu'un Médecin y ait applaudi : les Magnétiseurs diront que les Médecins voient bien que le Magnétisme va nuire à la Médecine, & que pour ne pas rester sans pratique, ils ont besoin de gagner la confiance des mécréans eux-mêmes.

Cependant si les Commissaires devenoient malades, ils appelleroient leurs Confrères Médecins; c'est que, malgré la difficulté de distinguer les effets de la Nature de ceux de la Médecine, le tems & la multitude des guérisons onté abli une sorte de croyance. Le tems & la multitude des guérisons. Il n'y a que cela pour le Magnétisme. On a voulu l'appercevoir comme l'électricité, qui est une interruption de l'ordre naturel, & le Magnétisme n'est que la force de la Nature augmentée & dirigée, la Nature *en plus*. Il doit être éprouvé & non pas senti, si ce n'est par ceux dont la mobilité ressemble à l'imagination, à l'imitation, à tout ce qu'on voudra.

(D) Le fanatisme est un zèle aveugle pour des intérêts chers à la gloire, à la Patrie, à l'amour, à la vertu. On doit bien remarquer que je ne parle ici que des Médecins réunis en Corps. J'ai toujours jugé les Particuliers membres de cette savante Compagnie, comme je juge les hommes, par les tentations qui les environnent le plus ordinairement. Et la pitié & la charité sont le sentiment & le devoir dont la tentation follicite plus souvent un Médecin. Je ne connois point de classe d'hommes mieux préparée à la bienfaisance; ils ressemblent aux Prêtres qu'ils accompagnent auprès des mourans. Si le mourant est pauvre, qu'ils se souviennent que le Prêtre qui le console est pauvre aussi, vivant d'aumônes

& d'humiliations comme le pauvre; vivant dans un état qui le rapprochant tous les jours de l'homme souffrant, le rend plus sensible, & lui défend encore de murmurer contre la loi qui donne à d'autres les moyens d'exercer cette sensibilité. Lorsque la piété de nos peres mit tant de richesses entre les mains des Economes des pauvres, elle n'obligea point ces respectables Dépositaires à rendre des comptes à la Nation & à l'Eglise; c'étoit assez de savoir le genre de vie des Solitaires auxquels ces richesses étoient confiées, de savoir les loix & les vœux qui les attachoient à la campagne, au milieu des paysans, dont ils partageoient les travaux, avec lesquels ils vivoient, souffrant le froid des hivers & la chaleur des étés, obligés à des jeûnes austères qui les avertissoient qu'ils étoient les frères nourriciers de la multitude qui avoit faim; & maintenant quand on raisonne sur le partage des mêmes biens, on s'en prend à l'aveuglément & à la bonhommie de nos pères; on oublie que presque tous les Economes en question sont choisis maintenant dans une autre classe d'hommes. Voyez les biens qui sont restés dans les anciennes mains : la production est double, & les hommes qui jouissent sont en si grand nombre, que leur richesse est un bien général; mais depuis que le grand arbre de l'Eglise est un arbre généalogique, les oiseaux du ciel ne viennent guère reposer à son ombre.

(E) On ne sauroit trop rappeller les Juges du Magnétisme, au souvenir de cette assiduité nécessaire à la vérité du jugement qu'ils prononceront. Lors même que les Elèves & les malades de M. Mesmer auroient tous la grande humilité de reconnoître la supériorité des Commissaires sur leurs lumières personnelles, sans conserver beaucoup d'amour-propre, ne pourroient-ils pas croire que six mois d'assiduité, par exemple, peuvent éclairer autant un Adepte, que douze

Séances ont éclairé un Commissaire. Le mérite d'un Adepte seroit alors au mérite d'un Commissaire, comme un à quinze. On invite le Public à chercher l'occasion d'établir des proportions plus raisonnables, en cherchant la mesure des Commissaires comparée avec celle des Elèves dont l'assiduité & la croyance sont plus connues. Il est aisé, par exemple, de demander à M. de Buffon quelle est la mesure proportionnelle des Commissaires ses Confrères à l'Académie, & celle des Adeptes de sa connoissance. Par exemple, M. Bouvier, de la Société Royale, Dom Gentil, de l'Académie de Dijon, dont les travaux sur l'Agriculture rappellent les services de cet ordre de cultivateurs, où la renommée & le ministère n'iront pas démêler un Savant à qui il manque au moins l'art des réputations. Mesurez encore les plus forts des Commissaires avec M. Flandrin, sans compter ceux des Adeptes que je ne puis mieux faire remarquer qu'en ne les nommant pas.

(F) *Avis important contre la précipitation de croire &*
d'écrire. Dans le moment où nous avions plus d'humeur contre la bienfaitrice de Marguerite, nous apprenons que Madame de... a toujours protesté que les réponses de cet enfant lui avoient toujours inspiré l'estime la plus vraie pour M. Mesmer & son Ecole. Nous nous trouvons heureux de n'avoir fait que des réflexions très-générales, applicables maintenant aux braves gens qui ont voulu appuyer d'un nom respecté une philosophie bien triviale. L'habitude de faire le bien, & le goût de la vérité ne pouvoient faire des ennemis irréconciliables des amis de Marguerite.

(G) Si la gloire des Physiciens n'avoit pas si sérieusement obscurci les humbles Moralistes, on connoîtroit sans doute un homme éloquent, un des hommes les plus éloquens qu'on ait pu voir dans la Chaire de vérité, M. l'Abbé Milou, qui n'a presque jamais manqué de sentir le nuage qui paffe fur l'Eglife où il prêche. Sans l'aveu de ce brave homme, je ne croiois pas à M. Bléton; &, de M. Bléton aux plus finguliers effets du Magnétifme, le chemin n'eft pas long, difent quelques amateurs. Je ne voulois pas nommer l'homme refpectable dont j'ai cité le témoignage, parce que je fçais bien que je lui en demanderois inutilement la permiffion. Mais on m'a fait obferver que je pouvois la prendre. Jamais l'heureux *ignorari* & *ignorare* n'a mieux été pratiqué que par cet homme fingulier, qui ne faura point qu'il a été queftion de lui chez M. Mefiner, quoiqu'il ait bien pu favoir qu'il y a à Paris un Médecin de ce nom, à-peu-près, & un Pere Hervier qui renouvelle les prodiges qu'il prêche, tandis que l'ex-Pere *Mslou* débite dans l'obfcurité, à des Religieufes qui ne l'admirent guère, des chofes qui ne feroient pas defavouées de Bourdaloue & de Mallebranche. Ce que c'eft que de venir à tems. Ce Prêtre n'eft pas du bois dont on fait les Evêques (comme ils difent). Louis XIV, qui aimoit à créer, en eût fait tout au plus un Mafiulon, un Mafcaron, un Fléchier, un Boffuet, &c. &c.

(H) On conçoit qu'il ne doit être ici queftion que de ce bon M. Jumelin, qui ne s'attendoit guère à paffer à la poftérité par la voie du Rapport. Quant à M. Deflon, fes ennemis eux-mêmes, fi la haine n'a pas endurci leur cœur, doivent regretter un homme qui prêtoit à l'éloquente expreffion de leur mauvaife humeur. On devroit l'ouvrir, ce cher M. Deflon, pour favoir & toucher de l'œil & du doigt, comment fe compofe intérieurement un homme qui a le grand ufage du Magnétifme. La mort violente & la maladie aiguë à laquelle il fuccombe, & le froid piquant que nous reffentons depuis quelques jours, femblent déja tout difpofer pour d'heureufes expériences fur un bon fujet arraché à la vie dans une crife. Et peut-on ne pas appeller mort violente,

& presque subite, celle d'un homme qui a pour ennemis les ennemis & les amis de M. Mesmer, qui ne haïssent & n'aiment pas à demi ? Et puis d'ailleurs: ou bien M Deslon a voulu tromper les Commissaires, ou bien ce sont les Commissaires qui l'ont trahi. Dans le premier cas, sans doute, il est mort de honte ; & dans le second, il a dû mourir d'indignation. On ne sauroit être plus mort.

Un autre certificat de décès en faveur de M. Deslon, est dans le zèle de M. de Fontette, à qui la douleur vient d'arracher, contre les amis de M. Mesmer, des plaintes revêtues de ces expressions qu'on ne permet qu'au désespoir, & qu'un Militaire, qui aime réellement à se faire couper la gorge, ne dit & n'imprime que pour les gens de même goût & de même état. Pour moi, je ne voudrois pas même le tuer.

Quant à ceux que ces querelles n'intéressent guères, un mot de raison fera mieux juger des amis de M. Mesmer. Ou cette théorie n'a de valeur que celle que lui donnent les mécréans, ou bien vous en attendez la lumière nouvelle, & la fraîche santé promise par les adeptes. Dans les deux cas, on doit remercier ceux qui l'ont fait connoître. Le grand jour étant la pierre-de-touche de l'erreur & de la vérité, c'est avoir fait le bien, que de s'être opposé aux spéculations monopoleuses de M. Deslon, sur cette Médecine nouvelle. Et si vous aviez assisté, comme moi, aux leçons magnétiques, &, ce qui seroit bien mieux, si vous les aviez écoutées comme ceux dont le penchant à dormir n'est pas une infirmité si impérieuse, vous sauriez, & vous auriez vû, que le mystère même si reproché à M. Mesmer, étoit nécessaire à la publicité de sa doctrine ; c'est-à-dire, à donner à ses Elèves le zèle & l'infatigable application qu'exige sa théorie des êtres animés.

Une autre moyen de faire connoître, & peut-être de faire aimer les amis de M. Mesmer, seroit de faire connoître M. Mesmer lui-même. On croit dans le monde, quand on ne l'a pas vu, que ses Adeptes n'avoient à voir dans un étranger qu'un homme de génie, & ce vif enthousiasme peut alors étonner le connoisseur des hommes. Ils ne savent point que l'on s'attache sur-tout à M. Mesmer, par les soins que la bonté prodigue à l'enfance, dont il a l'abandon & l'aimable ingénuité ; d'autres ont dit *les graces naïves*. On ne sait point s'il est né avec des sens plus exquis que le reste des hommes; mais on sait qu'en écoutant mieux ses sensations, il a pu les rendre plus savantes, il a pu mériter cet instinct qui le distingue, & qui n'est en effet que le génie des sensations. Ses Disciples ne disent donc point, *le Maître l'a dit*, mais *il l'a senti*. Enfin, si l'on n'étudie bien que soi, M. Mesmer est l'homme qui a le mieux étudié l'homme de la nature ; & s'il lui arrivoit de n'être pas toujours l'homme de la société, est-ce un Philosophe qui s'en plaindra ? Un Philosophe de ceux qui aiment à voir que l'homme de la nature est bon, & que l'homme supérieur est bon homme.

En un mot, si M. Mesmer a tort, le zèle de ses ennemis ne peut que retarder sa chûte ; s'il a raison, le zèle est inutile. *Gamaliel, Actes des Apôtres*.

(1) J'imagine un moyen d'inviter mes amis à ne me plus parler du Magnétisme. Faites-leur part des Paradoxes que je vais vous communiquer. Je les ai pris au hasard sur les feuilles dont je suis environné, & que je dois mettre en ordre quand j'aurai le tems & le repos. La singularité ou l'obscurité dont on va se plaindre, (car vous, vos bergers & vos chiens,

vous

vous ne m'épargnez guère) me vaudra des injures qui me forceront de m'expliquer mieux, & d'achever plutôt le travail que je promets depuis si long-tems.

L'honneur est le besoin d'être estimé de soi & de ceux qu'on stime.

Cette définition n'est que pour les hommes courageux. Les braves de tous les jours, les héros, par exemple, comptent les suffrages, & ne les pèsent pas. Alors, l'honneur est le besoin d'une existence flatteuse dans l'*opinion :* & l'empire absolu de cette reine du monde a pour fondement ce désir inné de bien vivre dans l'esprit d'autrui.

La nation chez qui ce besoin se fait mieux sentir, renonce à ses plus chers intérêts, quand elle accorde un privilège exclusif de considération à un ordre de citoyens. Un privilège n'est autre chose que dispense pour celui qui l'obtient, & découragement pour les autres.

Le peuple pourroit avoir le bonheur en retour de ses bénédictions, mais il en fait des dépenses stériles. Si les écono_mistes lui apprenoient à ne faire, dans ce genre, que des dépenses productives, ils lui auroient tout appris.

La plus sotte manière de donner son estime, est de la donner d'avance, ou, ce qui revient au même, aux arrières-neveux de ceux qui l'ont méritée. ſes emprunts viagers sont les seuls qui ne restent pas long-tems ouverts.

Dans le pays où, pour estimer un homme, on demande

C

est-il bon, c'est-à-dire, a-t-il des titres du quatorzième
siècle ? L'opinion est pour l'honneur, comme le dogme des
destins pour la morale. L'activité nationale fatigueroit l'ad-
miration, si tous les braves gens pouvoient dire : *J'ai fait
ma preuve, & je vaux les Coucy.*

En attendant, cette nation aura de grands hommes pour
l'Académie des Inscriptions. On ne s'y déterminera que par
de bonnes raisons bien vieillies, & d'utiles réminiscences dis-
trairont les sages du sentiment des besoins du peuple.

La vieillesse n'a que la mémoire de l'enfance, & mécon-
noît ceux qui la servent.

En honorant l'absence des moyens, on enoblira la haute
mendicité ; on préfèrera la multiplication des travaux ruineux
de charité royale.

Pour le Ministre & le Roi qui calculent, l'homme noble
seroit celui dont la position promet les sacrifices de l'or à la
considération, celui qui cherche au service l'honneur qui
manque à sa fortune. Mais quand on demande la fortune nécessaire à son nom, on est noble pour M. Cherin.

On doit en effet admirer l'honneur comme l'amour de re-
connoissance, & abolir l'usage qu'ils ont *de vivre aujourd'hui
des profits de demain (Poeme des Siyles).*

On propose à ce peuple appauvri par ses vieilles dettes

d'honneurs paſſés, dont il paye les arrérages depuis des ſiè-
cles, n'ayant plus rien à promettre à l'émulation, de s'en-
richir tout d'un coup par une banqueroute générale d'eſtime
& de conſidération, enfin par l'oubli de l'hiſtoire.

Les anciens créanciers feront réduits à demander des titres
nouveaux par des actes nouveaux paſſés devant la nation
éclairée fur ſes intérêts.

Craſſus croira qu'il y a une autre forte d'honneur pour lui,
que d'être pour les vieilles races un Maître-d'hôtel qui ne
ſert pas debout, & qui ne rend point de compte.

Avez-vous vu deux hommes de qualité à table chez
Craſſus.? Ils vous ont dû rappeller les deux Aruſpices de
Cicéron.

La banqueroute propoſée dés vieilles dettes d'eſtime eſt
un droit national. L'eſtime eſt la jouiſſance la plus douce de
celui qui l'obtient ; mais elle demeure l'inaliénable propriété
du peuple. Quand on calcule avec lui, tant de pain pour
tant de travail ; il doit calculer auſſi : tant de bénédictions
pour autant de bienfaits : ou bien le ſilence & l'oubli dont
on meurt à la Cour.

Quand on lui parlera du paſſé, il n'a qu'à proteſter qu'il
ne ſait pas lire le Gothique.

Il ſe ſouvient peut-être d'un Magiſtrat qu'il nomma Bou-

langer , parce qu'il l'avoit nourri (a) dans une famine ; mais
il est bien plus beau de prouver qu'on l'a jadis bien battu ;
& que quand il étoit serf , on lui rendoit la servitude très-
douce , ou très-rude , cela revient au même , dès qu'on le
prouve par titres.

Le souvenir des grandes atrocités impunies , est un excellent titre ; car il peut dater de l'anarchie féodale , & c'est
le bon tems de l'art héraldique. Mais d'anciennes frayeurs
données aux Rois & aux peuples , sont les plus beaux fleu-
rons d'une couronne fermée.

Après le compte de la vieille Chevalerie , on peut aisément faire celui de la nouvelle , de la Chevalerie en exercice. L'estime est le prix de l'utilité & de la difficulté. Depuis qu'il ne s'agit plus d'étendre & de défendre le domaine ,
mais de l'améliorer : l'homme utile est le bon régisseur , &
l'emploi le plus difficile de la régie est d'attacher au labou-
rage les fainéans qui veulent tous être gardes-chasses.

Messieurs les Philosophes , croyez que le fanatisme militaire, ne passera qu'après la superstition chevaleresque. Cette
superstition, ce fanatisme vont être les deux os à ronger des
Philosophes du dix neuvième siécle. En attendant , l'esprit
humain se repose ou s'amuse avec des ballons.

(a) Je connois un excellente race qui vieillira bourgeoise , pour
avoir enrichi une Province par l'amélioration de ses vins. Les atres-
tations des Représentans de la Province les mettoient à même de sol-
liciter l'Ordre de Saint Michel. Des chiffons de généalogie les ont
empêchés de mettre le prix que j'attache à ce sceau de la nouveauté.
Ils mériteroient qu'un imbécille leur reprochât leur vinographie.

L'honneur ne fera donc plus le Dieu terrible des armées ; mais il fera Berger & Maçon, comme le Dieu des vers ; il fera le Dieu tutélaire de nos foyers ; il fera Laboureur, Maire , Bailli , Pêcheur, Marchand, &c.

Se fera-t-il Fermier-Général ? je réponds que oui, s'il eft bien conduit Les Athéniens ne confioient qu'à l'opulence l'or de la République, pour ne pas expofer les honnêtes gens de la médiocrité à des tentations dont tous les fiècles ont reconnu le danger. Ariftide fut long-tems l'homme du Fifc , & la République paya fa fépulture & l'éducation de fes enfans.

On n'a point calculé le pouvoir de l'irréfiftible honneur. Si l'on croit encore qu'il eft une claffe de citoyens fur laquelle il ne puiffe acquérir l'empire abfolu, qui fait attendre la mort fur la mine.

Si vous vous accoutumez à confidérer les perfonnes deftinées au théatre comme des officiers de morale, & la Finance comme la Magiftrature de l'impôt, les uns vous rendront meilleurs, & les autres plus riches ; vous aurez des Molé de Finance & de vrais Bayards à la Comédie. Oppofez plus d'eftime à des tentations plus fortes.

En humiliant l'opulence, vous lui laiffez la baffe vanité qui recherche l'honneur coûteux de fe nommer l'allié & l'ami des Grands, & l'honneur rare de s'entendre ainfi nommer une fois en paffant. Laiffez la fortune efpérer la confi-

C iij

dération : Craſſus donnera ſon or à l'homme ſouffrant , & ſa fille à ſon égal. Le peuple doit aimer quiconque aime la gloire , puiſque c'eſt à lui qu'on la demande. La vanité , qui n'a pas tant d'amour-propre , paye tribut à la Grandeur.

* * *

L'homme qui m'a rendu témoin des procédés les plus nobles , de ceux qui ne vous ont attendri que dans les Romans, ce brave homme étoit preſſé de voir reverdir ſon honneur, que des circonſtances mal-interprété es avoient humilié. Après les dernières famines, ſon Evêque accepta , pour quelques jours, l'hoſpitalité qu'il lui offrit dans un château à peine commode. On demandoit au Prélat le motif d'une conduite contraire à ce chétif préjugé de ſa naiſſance. Je n'ai pas dû , répondit-il, refuſer un homme dans les terres duquel j'ai ſu qu'il n'y avoit plus de pauvres. M. Cadet, dont la mémoire mérite ce tribut d'eſtime , eſt mort pauvre & honoré.

* * *

L'uſage de faire eſpérer l'honneur au ſervice des hommes nouveaux, n'attriſteroit que l'envie & l'ingratitude, qui vantent les vertus qu'elles ne craignent plus, pour humilier celle qui les ſert & les afflige. C'eſt encore l'envie qui loue dans un vieillard la tyrannie , qui montre une bonne tête les vices qui rappellent le bon tems.

* * *

M. de Boullainvilliers, par ſon ſyſtême & par ſon nom, étoit noble comme les Capets. Jamais meilleur ariſtocrate n'a plus cordialement & plus ſavamment murmuré de voir le Roi maître & le peuple libre. On connoît ſes vœux pour voir la nobleſſe de retour aux fonctions de la Juſtice & de l'Adminiſtration , même de l'adminiſtration des Finance

Le feul moyen fimple & vrai de réalifer les rêves de M. de
Boullainvilliers eft d'accorder à la claffe actuellement occu-
pée de la chofe publique, affez de confideration pour fuffire
au prix de fes travaux, & pour avilir celui qui demanderoit
d'autres gages.

Les Ariftocrates ne diroient plus, le Roi ne peut faire un
vieux Gentilhomme, dans un pays où l'on n'aimeroit plus que
les vieux vins & les vieux amis, & les hommes capables de
payer de leur perfonne.

Que de mots dans la langue tomberoient ou feroient
fortune ; le mot de *fervir*, par exemple, s'enobliroit dans
l'adminiftration, & à mefure qu'il fuppoferoit plus de génie,
de défintéreffement, de nobleffe. Quand le feu Dauphin
difoit *que la Cour des Rois doit être compofée de ceux qui
les fervent*, on fait bien qu'il eftimoit & refpectoit un autre
fervice que celui des armées.

Le feu Dauphin auroit donc un jour pu fe montrer à table
avec un Prévôt des Marchands, comme avec un Capitaine
du vol. La Reine oferoit paroître dans la Capitale accompa-
gnée d'une Préfidente, d'une Intendante, d'une Lieutenante
Civile ou Criminelle. Quelle folie ! La Cour doit être l'i-
mage d'un camp ou d'un tournoi, où l'on ne connoiffoit que
des Juges-d'armes.

Au moins ces nouvelles Dames regarderoient long-tems
cet honneur comme une grace. Il faut être bien antérieur au
quatorzième fiècle, pour prétendre exercer près du trône

cet aristocratisme qui détermine dans quel ordre le Roi doit choisir les serviteurs de sa maison & de son armée.

———————————

Ces pauvres femmes, qu'elles seroient à plaindre de vivre sous des loix faites dans un tems où les hommes étoient si mauvaise compagnie ! La première femme du royaume elle-même, ne seroit qu'une femme respectée, si le pouvoir des mœurs ne consoloit pas de la rigueur des loix. Qu'ils sont donc imposans les devoirs d'une femme, à qui son influence sur nos mœurs donne un empire que le Roi & la Loi ne peuvent disputer.

———————————

Comment l'assurer, l'exercer & l'étendre, cet empire ? en le rendant propice à la vertu, en s'aidant des femmes à qui leur état donne sur les mœurs une influence plus sûre & plus douce. On sait, ou plutôt on ne sait pas encore assez, combien il est de places importantes dans lesquelles la loi, le peuple & le Roi doivent être trahis, quand elles ne seront pas confiées à l'homme vertueux dont la femme a la dignité de son état, & chez laquelle on admire, avec le charme des mœurs, l'économie prodigue en bienfaits. Mais, encore une fois, M. Cherin est juge des morts & des noms : il compte pour rien la vie & la vertu.

———————————

Le tems pourroit donc venir où les femmes seroient dans l'histoire des mœurs & de tout bien, ce qu'elles furent dans les contes des faits d'armes de nos Preux, & leurs regards consoleroient un Magistrat éloquent & pauvre, comme ils faisoient mourir content celui qui obtenoit la grace d'être égorgé pour elle.

———————————

On dira qu'une Présidente m'a corrompu le jugement ; &

je dirai que , s'il m'est arrivé de voir par le monde une **femme**
de celles dont me voilà le champion , je l'ai presque toujours
vue à genoux devant le préjugé que je déteste. Jugez si je
n'aime pas mieux la franche femme de qualité, qui , sachant
le secret de son état , ne le dit qu'à l'oreille du Sage , & laisse
durer pour ses enfans la sottise qui fait d'un vieux nom
l'hypothèque d'un million sur la fortune d'un Financier qui n'a
qu'une fille. Avec la Pairie ou la Grandesse, l'hypothèque est
de trois ou quatre millions ; en sus le droit , à chaque géné-
ration, de ruiner une famille opulente.

———————

Il en est dans cet état qui profitent de leur nom pour faire
passer, & même adopter des grimaces qu'on ne pardonne-
roit pas à une Intendante ; mais on rencontre avec de vieux
noms *des esprits-forts*, qui prisent peu les hommages de ré-
miniscence, & veulent être aimées pour l'amour d'elles. Et
puis, *quand on vaut tout le monde*, on a moins à imiter ;
on doit être plus vraie , plus franche, plus près de cette indo-
cilité d'esprit sans laquelle point de raison , point de nature,
& point de graces. Encore ne faut-il pas persuader à toutes
les femmes d'être *soi* ; elles seroient trop aisément aimables,
& jamais ridicules.

———————

Quant aux hommes de Robe, je crois que mes principes
me donnent le droit de parler des leurs , de manière à montrer que je ne veux ni leur plaire , ni les choquer. Je puis
donc observer que la superstition envers le passé , la manie
de parler de bonne Robe, les assimile aux courtisans, en les
plaçant plus bas.

———————

La noblesse de Robe est la noblesse en exercice. L'homme

noble , dans le vrai sens, est celui qui représente la royauté dans les nobles fonctions. Si sa famille conserve après lui des restes d'honneurs, toujours la vraie noblesse appartient-elle à la compagnie vivante ; & c'est l'offenser que de reconnoître devant elle la noblesse de descendance & le culte des images. L'orgueil oisif vit du passé ; mais quand on a la main à la charrue, doit-on regarder derriere soi ?

Ils le savent bien dire, que c'est avec eux que les Capets ont repris l'unité de pouvoir & les plus beaux joyaux de la Couronne, si long-tems disputés par les possesseurs de fiefs. Quels furent les hommes robustes si long-tems employés à ce long combat entre l'ordre & l'anarchie ? Etoient-ils de bonne Robe ? Quand une femme de la Cour, dans sa grande colère, reproche à une autre d'avoir des sceaux dans sa généalogie, ou bien une grande parente, qu'on appelloit Mademoiselle la Procureuse Générale : c'est que les hommes de cet état, à qui la France doit le plus, ont été presque toujours les premiers de leurs races. Si donc on observe cette attention suivie des Cours Souveraines, à éloigner d'elles quiconque seroit né comme l'Hôpital & le premier d'Aligre, &c. &c. &c. que doivent penser le peuple & le Roi, de cette étrange attention ? qu'elle n'est ni populaire, ni royaliste.

Remarquez cette autre attention bien moins populaire, bien moins royaliste, & par conséquent bien mieux suivie, de composer le premier ordre de l'Etat, de manière qu'il soit toujours représenté par des membres du second. Un Evêque est un Prêtre Gentilhomme, & deux exceptions confirment cette vérité de fait. Deux ordres dans la nation n'en font plus

qu'un qui conferve deux voix pour le même vœu. Les fidèles
Communes ne contiendroient donc que les fujets de l'arifto-
cratie, & le Monarque deviendroit un Doge. Enfin la nobleffe auroit en influence ce qu'elle a perdu en pouvoir; &
fi l'abus devient une habitude, le pouvoir fera fera réel. Tel
eft le moment où les Cours Souveraines parlent de Gen-
tilhommerie.

La vérité de ces dernieres affertions fera, je crois, fen-
fible; & je ne crois pas que l'on foupçonne la droiture
de mes vues. Mes premieres idées paroîtront moins vraies,
à qui n'a pas obfervé. Il eft de fait que je fonge à bien
faire. J'ai vu à la tranchée l'honneur créer des chofes fi
étranges, que je le crois capable de tout dans la focieté, s'il
y vient. J'ai vu qu'on pouvoit compter fur la nobleffe de ceux
que leur pofition habitue aux jouiffances de la confidération,
mais qui ne font pas encore affez *fots* pour jouir avec une
tranquillité fterile. La gloire veut des amans, & craint les
maris. Je dois la fervir en multipliant l'efpérance & la crainte.

POST-SCRIPTUM.

Je me fuis promis de laiffer ces Paradoxes ifolés; car
fi j'allois y joindre les réflexions avec lefquelles je dois en
faire des vérités communes. On ne m'en parleroit plus, on
ne me forceroit plus d'en parler. Et vous avez bien vu que
je ne faifois la Médecine que malgré moi.

Il eft pourtant des injures que je vois naître fur toutes les
lèvres, & dont je veux avoir le cœur net.

En faifant perdre à la nation le fanatifme chevalerefque,
vous nous ferez manger par nos voifins, qui refteront anth o-

pophages , & qui n'aiment pas les Brochures philoso-
phiques.

Réponse. Quand même vous seriez à savoir que la lune de
Paris brille au-delà du Rhin & de la Manche , je vous demanderois , si dans une armée où d'excellens Géomètres , d'excellens Munitionnaires , de bons Méchaniciens feroient mou-
voir d'excellentes machines , des Russes , par exemple , ou des
Suisses , vous auriez peur d'une horde sauvage , ou d'une armée Ottomane , ou même de la brillante armée des Cheva-
liers Français , que la discipline Tudesque n'auroit pas réduits
aux honneurs du méchanisme ?

Remarquez qu'en diminuant votre dépense stérile d'estime
& de considération en faveur de la Chevalerie présente ou
passée , on vous laisse beaucoup plus de gloire productive à
promettre aux arts utiles , par exemple , à d'habiles Méchaniciens , dont le savoir uni au zèle intrépide des Pompiers
de Paris suffiroit à tous les incendies. Les regards de la nation soutiendroient sans doute le courage de ces braves gens,
mais l'enthousiasme ne seroit pas assez aveugle pour les laisser
attiser le feu afin d'avoir plus d'honneur à l'éteindre.

Si le Corps des Pompiers de Paris se composoit de l'ordre
de la nation le plus distingué ; s'il étoit d'usage que la bruyante
jeunesse de cette illustre Compagnie fût constamment gâtée
par cette moitié de l'espèce humaine qu'on ne désabuse point
de la jeunesse ; si dans l'âge mûr ils étoient les seuls citoyens
dont la pourpre ou l'azur annonçât les vertus & les services ,
les seuls dont la vieillesse fût encore reverdie & presque éter-
nisée par le bonheur de composer ce Sénat de Rois dont la
mémoire suffit à la gloire & à la fortune d'un nom ; si ce
nom dans la suite n'étoit plus prononcé avec l'intérêt qui promet l'honneur , mais avec la superstition qui le donne à de

froides reliques & à des images fans vertu : fi les enfans des
anciens Pompiers partageoient entr'eux, ou les tréfors de
l'Eglife, ou les plus chers enfans de Plutus, vous jugez bien
de l'ardeur ruineufe de tous les Ordres à folliciter un emploi
dans les Gardes-Pompiers : &, s'il étoit établi qu'on y gagne-
roit des rangs, que dans les nuits incendiaires, les braves gens
détefteroient le grand jour & le calme perfide, deftructeurs
des plus belles efpérances. On a vu des meres, en pareil
cas, tendres comme celles que Lycurgue avoit formées,
faire tomber les paratonnères & déranger les conducteurs.
Et puis, en courant au feu, les enfans des anciens Capi-
taines-pompiers voudroient y avoir les premiers rangs, comme
au tems où les Chefs des grandes maifons devoient fe rendre
aux incendies avec leurs familles, leurs domeftiques, leurs
vaffaux, qu'ils avoient bien droit de commander en les nour-
riffant, en les payant. Mais à préfent que la Police paye tout
le monde, elle a droit de préférer qui bon lui femble, &
fur-tout de choifir dans la claffe la plus robufte, la plus do-
cile & la moins chère.

Enfin, vous ne faites que rappeller les vieux rêves patriotiques du bon Abbé de Saint - Pierre; tel eft encore le
reproche auquel je dois répondre : qu'il fuffit à ma vanité,
malgré la différence effentielle que j'ofe faire remarquer
entre ma maniere & celle de l'excellent Abbé.

L'Abbé de Saint-Pierre propofoit fans ceffe des loix, &
demandoit des réglemens au pouvoir. Pour moi, je ne crois
point que les hommes fe conduifent par les loix qu'on leur
donne, mais bien par les idées qui leur font chères comme
leurs préjugés. L'opinion eft un tyran aveugle ; en l'éclai-
rant on en feroit un bon maître. Je m'adreffe donc à ceux
qui dirigent l'opinion, & qui font ici la voix du peuple dans

la difpenfation de fon inaliénable propriété, l'eftime & le mépris; & je les invite à placer l'honneur à côté du devoir & de l'utilité, pour rendre tous les citoyens nobles, & tous les nobles citoyens.

L'Abbé de Saint-Pierre auroit demandé, par exemple, un Edit contraire à la révocation de l'Edit de Nantes. Et j'aime mieux faire obferver que nos loix font auffi intolérantes qu'au moment de la révocation de l'Edit de Nantes, & ce qui nous femble fi étrange, plus intolérantes qu'elles ne l'étoient la veille de la S. Barthelemi. Depuis, on a multiplié les Traités de paix les plus favans; on a fait les Edits les plus fages contre les duels; & les duels de particuliers à particuliers, & les grands duels de nation à nation font encore chéris de ce peuple, dont l'inaltérable tolérance avertit les honnêtes gens qui lui ont parlé raifon, que la raifon eft plus forte que la loi: & par le fouvenir de ce qu'ils ont fait, les encourage à mieux faire.

Un homme de lettres, en refpectant toutes les loix, peut donc efpérer de vivre dans une nation meilleure, & de devoir fon bonheur à fon travail, aux idées douces qu'il peut répandre.

Et quand votre rêve fera-t-il fini? Quand le Mercure & le Journal de Paris répéteront, une fois feulement par femaine, en vers & en profe, que le glaive de la gloire eft auffi vil que le couteau de l'affaffin, plus vil que celui du bourreau; & fur-tout, quand votre profe & vos vers rendront ridicules, peut-être odieufes, des réminifcences qui familiarifent les nations avec le fang, en mêlant toujours les idées de gloire & de fang. Quand enfin, vous aurez bien apprécié les intérêts & les vœux de cette claffe d'hommes, dont les vœux conftans rappellent les anciens moyens de gloire & de fortune, & même de paix, difent-ils bien.

Ils diront donc que la guerre eſt une affaire de calcul & d'intérêt, & ils perſuaderont ceux qui n'ont pas vu que les paſſions laiſſent l'intérêt s'éclairer & calculer à ſa manière, à moins qu'elles ne ſoient ennoblies par la gloire, déifiées par la ſuperſtition, & enfin exaltées juſqu'au fanatiſme. Vous venez de voir les Républiques de Veniſe & de Hollande prêtes à ſe battre en duel. Et bien, qu'eſt-il arrivé ? Elles ſe ſont injuriées comme de vieilles femmes, & ont calculé leurs intérêts comme deux meres de familles.

Telle ſera la tâche des gens de lettres ; & j'ai rempli la mienne en indiquant celle des autres. Je crois avoir montré le champ où ils moiſſonneront tous, Poëtes, Orateurs, Hiſtoriens, &c. &c. &c. Je leur promets de grands ſuccès en leur montrant de grands obſtacles dignes d'un grand courage.

Leurs peres Frondeurs, en médiſant des Loix, des Moines, des Reliques, & même d'un peu mieux, ſuivoient l'avis du bon Louis XII, qui conſeilloit aux mécontens de parler mal de lui, & de ſe garder de ceux qui n'étoient pas aſſez forts pour pardonner. Les Frondeurs paſſés eurent donc les honneurs du courage & les profits de la faveur ; car enfin ils ménageoient le crédit qui les mettoit à l'abri du pouvoir en partageant avec eux les moindres de ſes dons ; mais en affoibliſſant les préjugés du plus fort, ou, pour mieux dire, les préjugés qui ſont la triſte baſe d'une force de ſouvenir qui ne ſera plus dès qu'on n'y croira plus. En eſſayant ainſi d'ôter aux prétentions de l'antique ariſtocratie l'influence plus lucrative que le pouvoir paſſé, comment eſpérez-vous réuſſir ? Vous n'aurez pour vous que la Loi, le Peuple & le Roi.

Mais fi nous allions croire aux rêves patriotiques de cet Abbé de Saint-Pierre, fecond du nom ! — Nous en ferions des vérités utiles. L'efpérance & la raifon peuvent leur donner la réalité que la crainte & la fuperftition donnerent aux puérilités oppofées. L'opinion apprend tout ce qu'on lui enfeigne, & puis elle exige tout ce qu'elle demande.

F I N.

www.ingramcontent.com/pod-product-compliance
Lightning Source LLC
Chambersburg PA
CBHW050531210326
41520CB00012B/2532